BEI GRIN MACHT SICH IHR WISSEN BEZAHLT

- Wir veröffentlichen Ihre Hausarbeit,
  Bachelor- und Masterarbeit

- Ihr eigenes eBook und Buch -
  weltweit in allen wichtigen Shops

- Verdienen Sie an jedem Verkauf

Jetzt bei www.GRIN.com hochladen
und kostenlos publizieren

Bibliografische Information der Deutschen Nationalbibliothek:

Die Deutsche Bibliothek verzeichnet diese Publikation in der Deutschen National-
bibliografie; detaillierte bibliografische Daten sind im Internet über http://dnb.d-
nb.de/ abrufbar.

Impressum:

Copyright © 2006 GRIN Verlag, Open Publishing GmbH
Druck und Bindung: Books on Demand GmbH, Norderstedt Germany
ISBN: 9783640541409

Paulina Holbreich

Die Bedeutung des Erdbebens von 1980 für den Wiederaufbau in Irpinia

GRIN Verlag

Universität Hamburg

Institut für Geographie

Italien Exkursion WS 2006

Die Bedeutung des Erdbebens von 1980 für den Wiederaufbau in Irpinia

Von Paulina Holbreich

1 Einleitung

Die vorliegende Arbeit soll die Bedeutung des Erdbebens von 1980 für den Wiederaufbau in der italienischen Region Irpinia, die sich, noch Jahrzehnte später, von dieser Katastrophe nicht erholen konnte, analysieren. Die unterschiedlichen Wiederaufbaustrategien, die im Hauptteil der Arbeit erörtert werden, deuten zunächst einmal auf die ernsthafte Auseinandersetzung mit den komplizierten geologischen und seismischen Gegebenheiten des Gebietes. Die Risikofaktoren wurden durch Untersuchungen des Baugrundes und die in einigen Fällen stattgefundene Verlegung von Siedlungen weitgehend minimiert. Gleichzeitig entstand jedoch ein Konflikt um die Bewahrung bzw. Vernachlässigung historischer Strukturen, der Anhand von Beispielen dem Leser näher gebracht werden soll. Die zukünftigen Entwicklungschancen der wirtschaftlich schwachen Region und die von der Politik erhoffte ökonomische Stärkung des Mezzogiorno mit Hilfe der Wiederaufbaugelder, sollen im letzten Teil dieser Arbeit bewertet werden.

Nicht zuletzt soll an dieser Stelle das Problem der Literaturrecherche angesprochen werden. Aufgrund der nicht vorhandenen Kenntnisse italienischer Sprache beschränkte sich meine Materialbeschaffung auf nur wenige englischsprachige Internet- und Bücherquellen. Aus diesem Grund musste ich vorwiegend auf die Diplomarbeit von Helga beim Graben zurückgreifen, die das betroffene Gebiet selbst bereist hat und ihre Schilderungen in ihre Arbeit integriert hat. Da die von mir benutzten Quellen relativ veraltet sind, hoffe ich nach der Exkursion im März diese Arbeit aktualisieren zu können.

2 Geographische Abgrenzung und Charakterisierung
von Irpinia

Die Region Irpinien befindet sich im süd-italienischen Kampanien in der Provinz Avellino in den Tälern Calore und Sabato am Monti Taburno. Dieses Gebiet wurde beim Erdbeben am 23.11.1980 großräumig zerstört und eignet sich daher besonders als Untersuchungsfeld für die Strategien des Wiederaufbaus. Doch bevor auf die Wiederaufbaumaßnahmen näher eingegangen wird, müssen zunächst die geomorphologische Gestalt sowie das seismische Aktivitätspotenzial des betroffenen Gebietes untersucht werden. Weiterhin spielen auch die Historie, sowie daraus abgeleitete wirtschaftliche Situation Süd-Italiens eine bedeutende Rolle. Um sich dem Gegenstand der Untersuchung zu nähern, wird

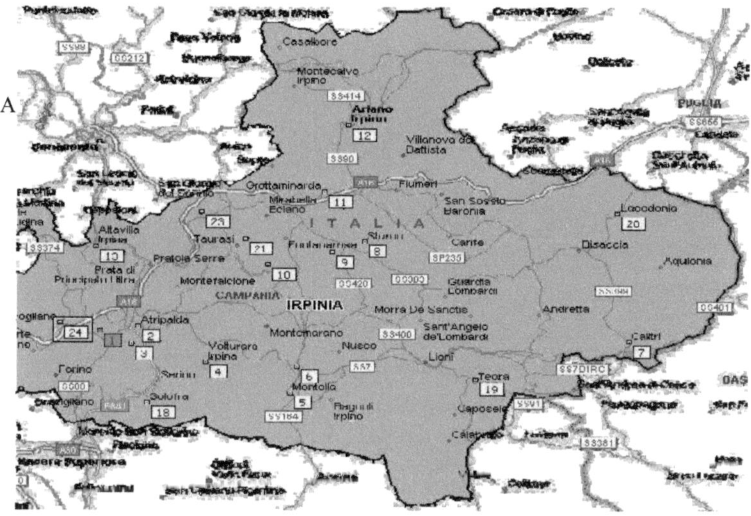

Abb. 1 Irpinien (Quelle: www.avellino.federvolley.it/ htm/mappa.htm)

am Ende dieses Abschnitts auch auf die Siedlungsstruktur der irpinischen Gemeinden und die lokalen Gebäudetypen eingegangen, da dieses Faktum beim Aufbau der alten Bausubstanz und der Modernisierung maßgebend war.

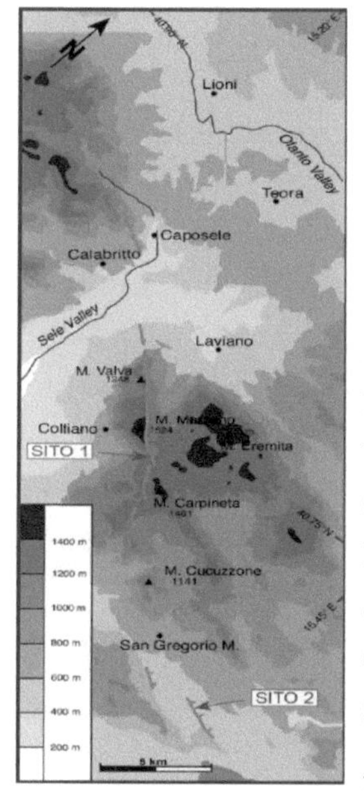

Abb.2 Die Irpinia-Verwerfung
(Quelle:
http://www.ingv.it/~roma/SITOINGLESE/activities/seismology/seismicsource/ex
amples/irpinia/figura3.html)

2.1 Geomorphologische Struktur

Italien ist ein geologisch junges Land. Darauf deuten die Vulkantätigkeit, die rezente seismische Aktivität und das geringe Alter der Alpen und des Apenin hin. Das Apenin ist Teil des „mediterannen Faltengürtels der Erde" und orographisch die Fortsetzung der Alpen (vgl. Rother/Tichy:16). Für das betrachtete Gebiet ist jedoch nur das Süd-Apenin relevant, insbesondere das Flyschland im Molise und der Basilicata.

Das Apenin bildet den Grenzbereich zwischen der Afrikanischen und der Eurasischen Platten. Im frühen Tertiär änderte die Afrikanische Platte ihre Richtung, die sich früher geradezu auf die eurasische Platte hin bewegte, und driftet seitdem westwärts. Der Grenzbereich zerbrach dabei bei dieser Richtungsänderung in mehrere kleinere Blöcke. Der

Sardinische Block schiebt sich nun unter den Adriatischen Block (vgl. Bethemont/ Pelletier: 12-13).

2.2 Seismische Aktivität

Die konvergente Plattengrenze macht sich durch die Vulkanachse Vesuv-Stromboli-Ätna bemerkbar. Der Vulkanismus hat an dieser Subduktionszone drei Kegelvulkane aufgebaut, die jedoch nur indirekt mit den seismischen Aktivitäten des Gebietes in Zusammenhang stehen. Die Schwerpunkte für den Vulkanismus und die Erdbeben liegen getrennt voneinander, wobei die primäre Ursache für die Erdbeben bruchtektonische Vorgänge an der Irpinia-Verwerfung sind (vgl. Tichy: 26).

Die Irpinia-Verwerfung (Abb.2), wo das Epizentrum des Bebens geortet wurde, verläuft von Norden nach Westen zwischen den Gebirgszügen der M.Valva (1248m) im Norden, M. Marzano (1524m), M.Eremita (1579m), M.Carpineta (1461m) und M.Cucuzzone(1141m).

2.3 Historischer Hintergrund Süditaliens

Um die soziale und wirtschaftliche Katastrophe bewerten zu können, muss auch der historische Hintergrund Süditaliens ins Auge gefasst werden.

Vor der Gründung des „Regno d`Italia" im März 1861 wurde Süd-Italien von spanischen *baroni* beherrscht, die kein Interesse daran zeigten, das Land landwirtschaftlich zu entwickeln, da sie nur Soldaten und Steuergelder von dort bezogen (Beim Graben: 15). Nach der Einheit 1861 blieben die süd-italienischen Regionen, auch Mezzogiorno genannt, weiter wirtschaftlich unterentwickelt und eher landwirtschaftlich geprägt. Der Norden profitierte hingegen, vor allem in der Po-Ebene, von der fortschreitenden Industrialisierung. Nach dem Zweiten Weltkrieg richtete der italienische Staat eine so genannte „Cassa per il Mezzogiorno" ein. Diese Gelder, für die industrielle Entwicklung gedacht, flossen jedoch an kriminalistische Vereinigungen – die Mafia, Camorra und N´dragheta (vgl. Drüke).

2.4 Wirtschaftliche Entwicklung

Die Landwirtschaft spielte, wie bereits erwähnt, bis in die 50er Jahre, noch vor der Bodenreform 1950 und dem „legge stralico" (Bodenbeschneidungsgesetz), besonders für Süd-Italien eine große Rolle. Der primäre Sektor beschäftigte über 70% der Bevölkerung in dem Latifundiensystem. Die Großgrundbesitzer stellten dabei den landlosen Bauern und Lohnarbeitern Land zur Verfügung (vgl.Tichy: 205).

Als Ergebnis der von der „Cassa per il Mezzogiorno" initiierten Bodenreform enteignete die Regierung 16 394ha Land (vgl. Tichy: 215) und es entstanden meist kleine Familienbetriebe und Kooperative. Diese Reform erfolgte jedoch zu spät. Andere Wirtschaftsbereiche wie der Handel, Industrie und das Bauwesen erlebten zu dieser Zeit ein dynamisches Wachstum. Die Agrarwirtschaft befand sich hingegen in einem deutlichen Abschwung. Bereits 1971 verlor der primäre Sektor, mit nur noch 1% der Beschäftigten, an Bedeutung (vgl. Tichy: 217).

Der Staat übernahm Ende der 50er Jahre die Förderung und die Standortfestlegung der neu zu gründender Industriegebiete (vgl. Tichy: 255). Diese kontrollierte Industrialisierung des Südens brachte infrastrukturelle Verbesserungen in den Bereichen Verkehr, Energieversorgung und Telekommunikation, doch fehlten vielerorts nach wie vor qualifizierte Arbeitskräfte und Eigeninitiative in der Bevölkerung. Das BSP pro Kopf betrug 1997 in den Regionen Kampanien und Basilicata nur etwa 52% des BSP Nord- und Mittelitaliens. Nach 40 Jahren Staatsintervention gestaltet sich die wirtschaftliche Situation in den Erdbebengebieten immer noch schwierig und sehr heterogen (vgl. Rother/Tichy: 104).

2.5 Siedlungsstrukturen und lokale Gebäudetypen

Die bereits erwähnte Bodenreform führte zu zwei neuen Siedlungsformen: „der *podere*, ein selbstständiger Familienbetrieb mit einem Bauernhaus und der *quota*, ein kleines Landlos, das zur Abrundung andersartiger Einkommensquellen dienen sollte" (Tichy: 215). Zu der Form des historischen Haufendorfes sind also Einzel- und Streusiedlungen hinzugekommen (Beim Graben: 26). Die historischen Siedlungskerne erlebten eine Expansion nach außen, sowie eine Dezentralisierung, da die Bauernfamilien nun eigene Grundstücke mit Bauernhöfen in ihrem Besitz hatten. Die Gebäude im alten Ortskern weisen demnach ein höheres Alter auf, als die Neubauten am Ortsrand. Diese Tatsache ist im Zusammenhang mit den Zerstörungen in Folge des Bebens relevant und wird im vierten Kapitel dieser Arbeit wieder aufgegriffen.

3 Die Erdbebenkatastrophe vom 23.11.1980

Das Erdbeben in Irpinia zerstörte über 300 Gemeinden und forderte nach ersten Schätzungen laut Erdbebenbericht vom 12.12.1980 rund 2700 Tote, 9000 Verletzte und hunderttausende wurden obdachlos. Später korrigierte man diese Zahlen nach oben auf 3 500 Tote und 300 000 Obdachlose. Die Auswirkungen der Katastrophe und der darauf folgende Wiederaufbau wurden von zahlreichen negativen Faktoren begleitet. Der desorganisierte und unvorbereitete Zivilschutz, die mangelhafte Gebäudesicherheit und Präventionsmaßnahmen, sowie Verzögerungen bei Entscheidungsprozessen in der Verwaltung und der Politik verkomplizierten die Situation. Im Folgenden seien der Ablauf des Erdbebens und das Zerstörungsausmaß dargestellt. Die erfolgten Hilfsmaßnahmen werden in 3.3 erläutert.

3.1 Der Ablauf

Das Erdbeben ereignete sich am Sonntag dem 23.11.1980 um 19:35 Ortszeit und erschütterte die Regionen Kampanien, Basilicata und Avellino und umfasste eine Fläche von 26 000 km². Die Stadtregionen Neapel, Potenza und Salerno waren ebenfalls betroffen. Das Epizentrum des Bebens lag 20 km unter der Erdoberfläche und hatte einen territorialen Radius von 15 400km. Die Erdbebenstärke erreichte 9,0 auf der Mercalli Skala und die Stärke 6,8 auf der Richterskala (vgl. Geipel: 32).

Der Erdbebenbericht vom 12.12.1980 benennt die schlimmsten Erschütterungen in den Ortschaften Sant' Angelo dei Lombardi, Calitri, Pescopagana und Calabritto. Die Erdstöße waren auch noch in Capaccio und Potenza zu spüren. In Potenza und Avellino wurden die historischen Stadtzentren stark beschädigt. Die abgelegeneren Gemeinden wie Lioni, Teora, Balvano, Conza, Valva, Colliano und Laviano bekamen ebenfalls die ganze Zerstörungskraft des Bebens zu spüren.

Das Erdbeben dauerte 70 Sekunden und bestand aus drei Hauptstößen, die jeweils drei unterschiedlichen Epizentren zuzuordnen waren. Der erste Stoß ereignete sich in Marzano, der Zweite folgte 20 s. später in Piano di St. Gregorio und der Letzte 40s. danach mit dem Epizentrum nord-östlich des Ersten. (Abb.3) In den folgenden fünf Stunden registrierten die Seismologen weitere 200 sekundäre Nachbeben (Beim Graben: 32). Entlang der Irpinia-Verwerfungslinie entstand eine gut erkennbare, sich über 35km erstreckende vertikale, stufenförmige Verschiebung (vgl. www.ingv.it).

3.2 Zerstörungsausmaß in den betroffenen Gebieten

Die Zerstörungen und Schäden der Katastrophe wurden im bereits erwähnten ersten Erdbebenbericht wie folgt eingeschätzt:

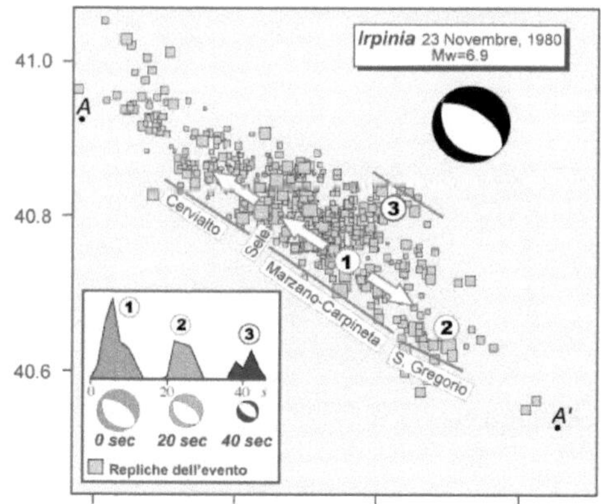

Abb. 3 Epizentren (Quelle: http://www.geo.arizona.edu/geo5xx/geos577/projects/smith/current.htm)

- Viele der beschädigten oder zerstörten Häuser waren über 100 Jahre alt. Dieser Konstruktionstypus hat auch bei früheren Erdbeben nicht Stand gehalten und wird es sicherlich auch Kommenden nicht.
- Neuere Bauten, die zerstört wurden, waren ebenfalls nicht erdbebensicher konstruiert.
- Wichtige Infrastruktur wie Elektrizitätsleitungen, Transportwege und Kommunikationsverbindungen erlitten Schäden mittleren bis leichten Ausmaßes.
- Schäden an Energieerzeugern und Verteilungssystemen konnten schnell behoben werden.
- Als Präventionsmaßnahme wurden einige Siedlungen mit möglicherweise verseuchtem Wasser vom Wassersystem abgeschnitten. Es wurden temporäre Wasserstellen eingerichtet.

Durch die starken Regenfälle in den Herbst- und Wintermonaten stieg im betroffenen Gebiet die Erdrutschgefahr. Die Erdstöße gaben den tonigen, Wasser gesättigten mediterranen Böden nur den Anstoß zu Hangrutschungen. Zwei der größten Frane gingen in Senerchia und Calitri runter. In beiden Fällen sind Siedlungen gefährdet oder beschädigt worden (vgl. Geipel: 25).

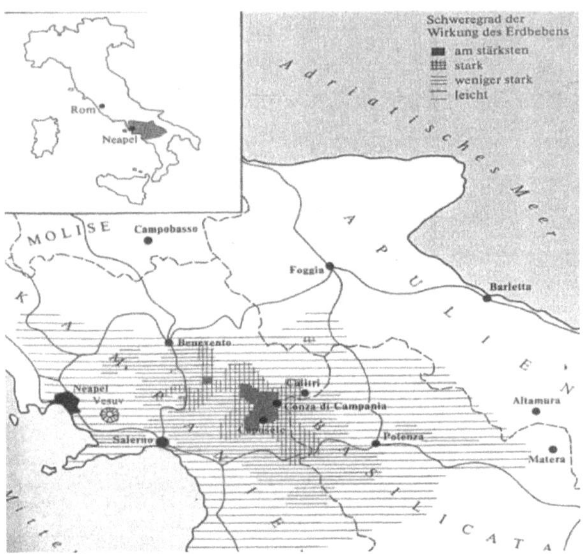

Abb. 4 Schweregrad des Erdbebens

(Geipel, R. (1983) in: Geographische Rundschau: S. 19)

3.3 Hilfsmaßnahmen

Das süd-italienische Katastrophengebiet, welches, wie bereits unter 2.1 erwähnt, ein ausgeprägtes Relief aufweist, wurde für viele Hilfstruppen und auch für die Verletzten in den Dörfern zum Verhängnis, da viele Zufahrtsstraßen und Pässe nur direkt durch den Siedlungskern führen und in vielen Orten keine Umgehungsstraßen existieren. Die versperrten Straßen mussten erst mit schwerem Räumgerät von Trümmern befreit werden, um weiter ins Landesinnere vordringen zu können. „Die ersten Rettungsmannschaften wurden schon auf der Autobahn Rom-Neapel in der Flut Tausender von Flüchtenden gefangen" (vgl. Geipel). Viele Dörfer erreichte die erste Hilfe erst nach zwei Tagen. Die an den Rettungsaktionen beteiligten 43. 000 Helfer (meist Soldaten), die Carabinieri (ital. Polizei) und die Feuerwehr waren ausgerüstet mit 39 Hubschraubern, 2400 Lastwagen und 200St. Spezialwerkzeug (Erdbebenbericht 12.12.80).

Als erste Hilfsmaßnahme musste zunächst den hunderttausenden Obdachlosen geholfen werden und sie mit dem Nötigsten wie Notwohnungen (Tabelle 1), Kleidung und Essen versorgen.

Zelte	37 000
Wohnwagen	43 000
Autos	37 000
Schiffe, öffentliche Gebäude	53 000

Tab. 1 Eigene Darstellung auf Basis von Geipel

In der Region standen 22 000 freie Hotelzimmer für die Bedürftigen zur Verfügung, jedoch weigerten sich die meisten Betroffenen, aus Angst vor Plünderungen, ihre Heimatdörfer zu verlassen.

Die finanzielle Ersthilfe, die die Regierung unmittelbar zur Verfügung stellte, betrug 1,2 Mrd. $. (vgl. Geipel) Es wurden Geld- und Kleiderspenden in der Bevölkerung gesammelt, die allerdings oft die Bedürftigen nicht erreichten. Die Kleider blieben offen im Regen liegen und wurden durchnässt und unbrauchbar (vgl. www.midaweb.info).

Schon am 6. Dezember trafen 2000 Notunterkünfte (Fertighäuser) aus dem Friaul ein (vgl. Geipel). Die Gefahr für Hangrutsche, stand jedoch ihrem Aufbau im Wege. Die schlechten Wetterverhältnisse und organisatorische Verzögerungen waren dafür verantwortlich, dass ein Jahr nach dem Erdbeben nur 25 000 Fertighäuser aufgestellt waren. Diese besaßen jedoch keine Elektrizitätsanschlüsse, Wasserleitungen und Entsorgungsanlagen, da unter anderem die Tiefbauarbeiten in eine Frostperiode gerieten und diese Anlagen nicht fertig gestellt werden konnten (vgl. Geipel).

4 Wiederaufbaustrategien an vier ausgewählten Beispielgemeinden in Irpinia

Die ersten Schätzungen der Wiederaufbaukosten lagen bei 8-9,5 Mrd. Euro. , die man für die Schadensbehebung bzw. Neubau von 16 000 zerstörter Häuser (3,5 - 4 Mrd. Euro), für die Zerstörungen in Neapel (1 Mrd. Euro) und für die Schäden der Infrastruktur (2 Mrd. Euro) benötigen würde. Zehn Jahre nach dem Erdbeben gab man für den Wiederaufbau bereits mehr als 26 Mrd. Euro aus und er war damit immer noch nicht abgeschlossen. Trotz der 13 000 Euro Hilfsgelder pro Person, wohnten Ende 1990 noch immer über 28 500 Menschen in Wohnwagen, Containern und einfachsten Baracken (Beim Graben: 45).

In den folgenden Teilabschnitten sollen vier unterschiedliche Aufbaustrategien in den vom Erdbeben stark betroffenen irpinischen Gemeinden - Sant`Angelo dei Lombardi, Bisaccia, Conza della Campania und Calitri - vorgestellt werden.

4.1 Sant`Angelo dei Lombardi

Der älteste Siedlungsbereich von *Sant`Angelo dei Lombardi* geht auf das 12. Jh. zurück. Der elliptische Ortskern mit einem Kirchplatz und zwei Hauptstraßen, von denen sich mehrere Nebenstraßen abzweigen, gehört dem Querrippensiedlungstyp an. Dieser Ort galt auch schon zu früheren Zeiten als erdbebengefährdet und wurde in seiner geschichtlichen Vergangenheit bei den Beben von 1550, 1680, 1694 und 1738 mehrmals (teilweise) zerstört. Im 18. Jh. machte sich der wirtschaftliche Aufschwung in Form verstärkter Bauaktivität bemerkbar. Der Handel mit agrarwirtschaftlichen Erzeugnissen geriet aber nach der Landreform 1950 in eine tiefe Krise. Die steigenden Auswanderungsquoten zwangen die Gemeindeverwaltung zu einer Umstrukturierung *Sant`Angelo`s* zu einem Verwaltungs- und Dienstlistungszentrum, was daraufhin zur Attraktivität der Gemeinde beitrug. (vgl. Beim Graben: 50) Die Entwicklung der Bebauung von *Sant`Angelo* ist in dem Entwurf von Piano di Recupero dargestellt. Häufig vertretene Gebäudetypen waren das Hof-, Block- und Scharrenhaus (vgl. Beim Graben: 49). Die Verteilung dieser Formen ist am Siedlungsgrundriss zu erkennen. So wohnte der Adel der Gemeinde entlang der Mauer bis ins Zentrum hinein, die ärmeren Schichten lebten meist im Kern der Siedlung in den Scharrenhäusern.

Beim Erdbeben von 1980 stellte das Bebauungsalter kein Kriterium für den Zerstörungsgrad auf. Im Gegenteil, die Häuser aus der ältesten Bauepoche stürzten nur partiell ein, dagegen wurden 1/3 der rezenten Bebauung (teilweise aus Stahlbeton) völlig zerstört. Dieses Phänomen ist ein Indiz für die räumliche Nähe zum Epizentrum, aber auch für die mangelhafte seismische Sicherung der Gebäude.

Abb. 5 Zerstörungsausmaß in Sant` Angelo dei Lombardi (Beim Graben 1997)

Die Akropolislage vieler älterer Gebäude führte zu einem Dominoeffekt, bei dem die eingestürzten Häuser auch die nicht bzw. leicht beschädigten Häuser mit einstürzen ließen. Der historische Ortskern wurde zu 32,8% vollständig, zu 43,8% partiell zerstört und 23,4% der Bausubstanz wurde „nur" beschädigt. Der Bahnhof „Morra de Sanctis" musste seinen Betrieb aufgeben, da die Eisenbahnlinie Avellino-Rochetta stark beschädigt und später durch eine Bus-Verbindung ersetzt worden ist (Beim Graben: 52).

Die Wiederaufbauarbeiten nach dem Erdbeben gingen zunächst zügig voran. Bis zum 03.02.1981 erwarb die Gemeinde 2 500 Fertighäuser, ein Komitee für Wiederaufbau wurde ernannt, die Dienstleistungsbüros wiedereröffnet und ein Beschluss die Siedlung „auferstehen" zu lassen gefasst. Die Fertighäuser sollten auf 90 000 m² Fläche in der Nähe des historischen Ortskerns errichtet werden (Beim Graben: 52). Die Wiederaufbaustrategie sollte dem „Prinzip der Konservierung" folgen, was die Bewahrung des historischen Erbes durch die Architektur bedeutete und sogar in einem Gesetz zu Schutz von Naturschönheiten (nur äußerlich) manifestiert wurde. Konkret bedeutete diese Strategie, die Aufgabe der Streusiedlungen außerhalb des Ortskerns und der Wiederaufbau der zerstörten historischen Häuser in der traditionellen Bauweise, sowie Modernisierung der Grundversorgungsanlagen. Diese Vorgehensweise sollte dem Konflikt zwischen der Agrar- und Stadtgesellschaft entgegenwirken und durch die räumliche Nähe und Nachbarschaft gelöst werden. Ein Nachteil dieser Politik war jedoch die lange Dauer des aufwendigen Wiederaufbaus, der letzten Endes über zehn Jahre in Anspruch genommen hat, während die Bewohner von *Sant`Angelo* in Baracken hausen mussten.

Eine abschließende Bilanz zeigt an, dass beim Wiederaufbau die Wohnansprüche stark angehoben worden sind d.h. die Wohnfläche pro Person stieg von 14m² (1971) auf 36,6m² und die Ausstattung der Wohneinheiten mit Strom, Heizung, Trinkwasser und sanitären Einrichtungen hat sich enorm verbessert. Bis Oktober 1997 waren 57,7% der zerstörten Gebäude wiederaufgebaut, jedoch stehen 8,6% von ihnen leer oder zum Verkauf. 15% der ehemals bebauten Flächen sind nicht bebaut. Das Franziskanerkloster und die Burg befinden sich noch in Restaurierarbeiten, da diese hohe Kosten fordern und es an Interesse bei den Bewohnern mangelt (vgl. Beim Graben: 45). Die Nutzungsverteilung innerhalb der Siedlung lässt eine gut gelungene Durchmischung verschiedener Funktionen erkennen. Privatwirtschaftliche Einrichtungen, Einzelhandel und sonstige Dienstleistungen lokalisieren sich am „piazza de sanktis", die verschiedenen Branchen befinden sich im „centro storico" (Altstadt) und die kleineren Supermärkte liegen außerhalb an den Regionalstraßen. Die gute

Durchmischung der beiden Funktionen Wohnen und Arbeiten in *Sant`Angelo dei Lombardi* ist beim Wiederaufbau sehr gut gelungen.

4.2   Bisaccia

Die historische Siedlung *Bisaccia* liegt in 820m Höhe auf einem Ausläufer des M. Calvario. Wie auch in Sant`Angelo erschütterten in der Vergangenheit zahlreiche Erdbeben, in den Jahren 1694, 1853, 1857, 1930 sowie 1962, die Siedlung. Nach jedem Erdbeben wurden die Gebäude immer weiter nach oben verlagert, bis sich diese auf der Spitze des Berges befanden, dort wo sie auch 1980 vorzufinden waren (vgl. Beim Graben: 73). Bei dem Irpinia-Erdbeben wurden vor Allem, die am nördlichen Hang platzierten Bauten zerstört. Dort waren die Erschütterungen Auslöser für Frane, die Häuser mit sich rissen und sie unter der Erde begruben. Im Vergleich zu Sant`Angelo war das Schadensausmaß jedoch insgesamt geringer. Im Ortskern waren 40% des Baubestandes vollständig und 6% partiell zerstört. Dem Wiederaufbau ging eine eingehende geologische Untersuchung voraus, die aufzeigen sollte, wo der Baugrund das minimale bzw. maximale seismische Risiko aufweist. Die Geologen wiesen danach fünf Risikozonen aus, von Zone 1 – hoher Risikofaktor bis Zone 5 - geringes Risiko. Dieser Aufteilung des Baugrundes in Zonen folgten drei unterschiedliche Vorschläge für die Wiederaufbaustrategie (vgl. Beim Graben: 75).
1.   Verlegung des inneren Wohnbereiches
2.   Sanierung und Restrukturierung des Ortes
3.   Partielle Verlegung und eine Sanierung des zerstörten Gewerbes

Der letzte Vorschlag erschien als der bautechnisch sicherste, sozial verträglichste und war auch die kostengünstigste Alternative. Bereits nach dem Beben 1930 stand ein ähnliches Konzept zur Debatte, das jedoch von den Bewohnern *Bisaccias* abgelehnt wurde.

Die Zeitung „Il Mattino" berichtete am 28.01.1981 über die gefallene Entscheidung die alte Siedlung nur partiell aufzubauen und eine Neue, etwa 2 km östlich des alten Kerns aufzubauen. Der Wiederaufbauplan sah eine Achsenverbindung der alten und der neuen Siedlungen vor. Diese Hauptstraße sollte einen Panoramablick auf die historische Siedlung bieten. Die antike Burganlage sollte restauriert und zu einer Kulturstätte umfunktioniert werden. Die Trümmer an den seismisch gefährdeten Berghängen sollten abgerissen und entfernt werden.

15 Jahre nach Beginn des Wiederaufbaus ist „*Bisaccia Nuova*" immer noch nicht vollständig aufgebaut. Der dörfliche traditionelle Charakter der alten Gemeinde musste einer urbanen Architektur mit einfachen geometrischen Formen und breiten, symmetrischen Straßen weichen (Beim Graben: 78). Der Siedlungsgrundriss von „*Bisaccia Nuova*" enthält viele Elemente einer barocken Stadt, wo die Gebäude als Teil eines Ganzen untergeordnet sind und die individuelle Eigenart verloren gegangen ist. Der Architekt *Aldo Rossi*, der für den Entwurf und die Durchführung des Bauplanes verantwortlich war, baute eine völlig neue Siedlung, die kaum gegensätzlicher zur alten Siedlung sein könnte. Die Modernisierung war aber nicht nur äußerlichen Charakters und drückte sich beispielsweise in der gestiegenen Wohnfläche pro Person (38,8m²) und der verbesserten inneren Ausstattung der Häuser aus. An dieser Stelle ist es interessant zu vermerken, dass die Ausstattung der bewohnten Einheiten schlechter ist als die, der unbewohnten. Dieses Faktum lässt sich dadurch erklären, dass ein großer Teil der Bevölkerung im alten *Bisaccia* wohnen geblieben ist und schlechter ausgestattete Wohnungen, an denen die Modernisierung vorbei geschritten ist, den modernen Bauten vorzieht. Viele Gewerbebetriebe, Verwaltungseinrichtungen und Einzelhandelsgeschäfte blieben ebenfalls im „centro storico" und in die alte Burganlage soll das Rathaus einziehen. In „*Bisaccia Nuova*" fehlt die räumliche Nutzungsdurchmischung zwischen Einzelhandel und Dienstleistungen. Das produzierende- und Baugewerbe findet man an der Verbindungsstraße und auch teilweise im dafür extra ausgewiesenen Gebiet im Norden. (Abb.6)

Das Funktions- und Flächengefüge zeigt deutlich die Herausbildung zweier voneinander unabhängiger Orte, ein Ergebnis, was dem ursprünglichen Wiederaufbauplan völlig widerspricht.

Abb.6 Bisaccia und Bisaccia Nuova (Beim Graben)

4.3   Conza della Campania

Die Langobarden waren, wie auch im Falle von Sant`Angelo, die Gründer von *Conza della Campania* und die Erbauer der antiken Burganlage. Die damalige regionale Hauptstadt wurde allerdings im Jahre 900 n.Chr. durch ein starkes Erbeben völlig zerstört. Weitere Beben prägten auch hier die Geschichte, der immer wieder neu aufgebauten Siedlung. Das Erdbeben von 1980 zerstörte 95% der Bebauung (Beim Graben: 92). Ebenso wie in den beiden, bereits vorgestellten Orten, erlitt der historische Siedlungskern die meisten Schäden. Die neueren Bauten auf dem Ronza-Hügel konnten dem Beben Stand halten.

Das seismische Risiko ist auch in diesem Gebiet von der geologischen Standortstruktur abhängig. Die geringe Steigung und ein Untergrund aus Sandstein und einer dünnen Tonschichtauflage sprechen für ein geringeres Risiko als ein Untergrund aus Geröll mit einer mächtigen Tonschicht (Beim Graben: 93). Der Wiederaufbauplan sollte sich möglichst nahe an den Richtlinien zur seismischen Risikominimierung halten und eine Verlegung der Siedlung um rund 1200m nach Süden bedeuten. Das neue Zentrum sollte Wohn- und Handelsfunktionen erfüllen, die historische Altstadt hingegen würde zu einer archäologischen Museumssiedlung mit Ausgrabungen aus samnitischer und klassischer Zeiten und damit gleichzeitig zu einem touristischen Anziehungspunkt aufgewertet werden. Ein künstlicher Stausee mit einem Naturpark um ihn herum wurden ebenfalls bei der Planung in Erwägung gezogen. Der Wiederaufbauplan für *Conza* sah kein Erhalt der historischen Bauformen und des traditionellen Flairs vor. Den neuen Siedlungsgrundriss (Abb.7) teilen zwei Achsen, die die halbradial-konzentrische Anordnung der Straßen und Gebäude in vier größere Blöcke gliedern. Die Seitenstraßen dieser beiden Achsen parzellieren die Wohnviertel in kleinere Einheiten. Für jede Wohneinheit ist, wie im Gartenstadtmodell von E. Howard, ein kleiner Garten vorgesehen. Die Wohnblöcke sollten dadurch aufgelockert und weniger kompakt bzw. zugebaut wirken. Jedoch kritisierte der Architekt Verderosa den zu großen Abstand von 20 m zwischen den Häusern und die zu breiten Fußgängerwege. Seine Kritik bezog sich auch auf das außer Acht lassen der historischen Wurzeln der Bewohner, die ihre Identität in der modernen, überdimensionalen Siedlung nicht wieder finden (vgl. Beim Graben 96).

Das vom Wiederaufbauplan vorgesehene Bauvolumen sollte bei ca. 450 Wohneinheiten mit insgesamt 2382 Räumen liegen. Der Wohnungsbedarf wurde jedoch nicht auf der Basis einer Einwohnerprognose ermittelt, sondern auf Grund vorliegender Anträge auf Bezuschussung.

Diese Tatsache führte zu einer höheren Anzahl an Wohnungen als nötig, da viele Antragsteller zum Zeitpunkt der Fertigstellung bereits weggezogen sind.

Zu den positiven Auswirkungen des Wiederaufbaus gehört die gestiegene Wohnfläche pro Person mit 32,9 m², die höhere Raumanzahl mit 1,6 Räumen pro Person, sowie die verbesserte Wohnraumausstattung. Über 90% der Haushalte besitzen ein WC und ein Badezimmer. Auch die Heiz- und Stromversorgung sind auf hohem Niveau. Nur die Trinkwasserversorgung sank auf nur 51,4%.

Der im Wiederaufbauplan vermerkte archäologische Park mit Stausee und touristischer Infrastruktur (Hotels und Freizeitanlagen) konnten dagegen nicht realisiert werden.

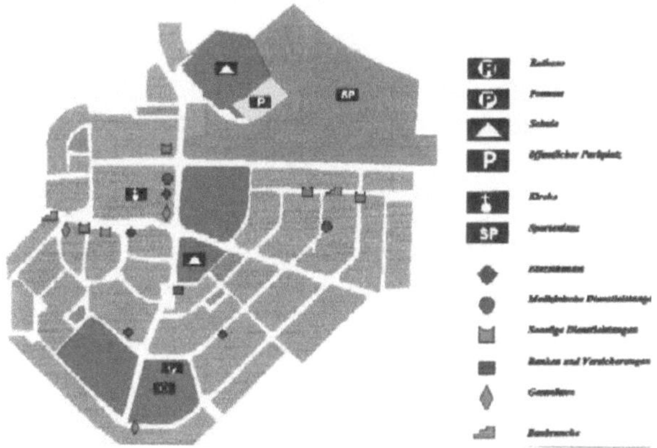

Abb. 7 Grundriss und Funktionen von Conza della Campania (Beim Graben)

4.4 Calitri

In Calitri, das Ende des 14. Jahrhunderts von der Familie Gesualdo gegründet worden, ging 1980 eine der größten Frane herunter, die einen großen Teil der Siedlung mit sich riß. Der Höhenunterschied zwischen der Siedlung, die in ca. 550m Höhe lag, und dem Flusstal des nicht weit gelegenen Ofanto betrug fast 200m. Diese relativ hohe Reliefenergie sowie der instabile Untergrund aus graublauen Tonen, pliozänen Sanden und Lehmen trugen dazu bei, dass ein bis zu 400m breiter und mehr als 1km langer Erdrutsch durch die Erdstöße losgelöst wurde. Noch 25 Jahre nach dieser Katastrophe erkennt man die Hauptabrisskante unterhalb der alten Burg. Der betroffene Hang wird entwässert und durch Betonmauern entlang der Serpentinstraße befestigt. Dort wird nicht mehr gebaut.

5 Schlussbetrachtung

Der Wiederaufbau nach dem Erdbeben 1980 hatte nicht nur zum Ziel den Betroffenen ihre Lebensgrundlage wieder herzustellen d.h. ihnen ein Dach über dem Kopf zu geben und die alten Strukturen zu bewahren. Mit Hilfe der Wiederaufbaugelder sollte der wirtschaftlich schwachen Region des Mezzogiorno noch mal unter die Arme gefasst und die von der Politik lang ersehnte ökonomische Stärkung erreicht werden. Man versuchte aus einer Tragödie eine neue Perspektive, für eine Ankurbelung der Wirtschaft und deren Wachstum, zu schaffen. Dieses Vorhaben wurde sogar in Gesetzesform festgelegt. Insgesamt 20 Gewerbegebiete sollten ausgewiesen werden, 12 in Kampanien und 8 in Basilicata. Diese Zukunftsinfrastruktur würde mit 3,25 Mrd. Euro vom Staat subventioniert und dafür mit 14 000 neuen Arbeitsplätzen belohnt werden. Zehn Jahre danach schafften diese neuen Industrien nur 4 000 Jobs, die allerdings teuer erkauft waren. Allein in den drei Industriezentren Isca Pantanelle, Nerico und Calitri betrugen die Kosten insgesamt fast 10 Mio. Euro. In diesen Berechnungen sind allerdings die infrastrukturellen Investitionen in Form von Verkehrsverbindungen nicht enthalten. Viele Bauten sind dort bis heute nicht fertig gestellt. Ein Grund war die Insolvenz von 34 Bauunternehmen, denen Subventionen im Jahr 1988 gestrichen worden sind. Verspätungen, die Nicht-Fertigstellung und die unkontrollierte Verteilung der Hilfsgelder führten zu einer Misswirtschaft, die die ökonomische Entwicklungschance der Region verspielte (vgl. www.midaweb.info). Erst im April 1989 ordnete der italienische Staat einer Untersuchungskommission an die Unregelmäßigkeiten bei der Verteilung von Hilfsgeldern nach dem Erdbeben zu überprüfen. Die Diskrepanz der Schätzungen über die bereits getätigten Ausgaben bewegte sich zwischen 12 und 32 Mrd. Euro. Auch die Anzahl der Hilfe bedürftigen Gemeinden schwankte zwischen 317 und 617. Diese enormen Unterschiede lassen vermuten, dass der Wiederaufbau im hohen Maße zur Bereicherung der Camorra, der neapolitanischen Mafia-Organisation, diente. In Kampanien sind, laut dem Legambiente-Dossier auf der Homepage von *midaweb.info*, schätzungsweise 283 von 687 Stadtverwaltungen in Mafia-Strukturen integriert.

Nicht desto Trotz bestätigen die Zahlen der ISTAT die gestiegene Anzahl der Betriebe in allen drei Gemeinden im Zeitraum von 1971 bis 1991. Insbesondere der Bausektor ist nach dem Erdbeben stark gewachsen, was jedoch nur als ein vorüber gehendes Phänomen zu sehen ist. Dieses Wachstum konnte wiederum andere Wirtschaftssektoren stützen und ihnen als „Sprungbrett" dienen. Der Dienstleistungssektor ist in allen drei Gemeinden gewachsen.

Trotz einiger positiver Entwicklungen überwiegen die negativen Faktoren, die die Wachstumsdynamik mindern. Das Wanderungssaldo der Region Kampanien ist nur knapp im positiven Bereich, in Basilicata gar negativ. Auch die Arbeitslosenraten der Jugendlichen in Basilicata liegen deutlich über dem italienischen Durchschnitt (12,1%) bei 56%. Die Arbeitslosenrate von 25% in Kampanien ist die höchste Italiens (vgl. Beim Graben). Die Erdbebenregion konnte auch mit großem finanziellem Aufwand die Strukturschwäche nicht überwinden. Die Gemeinden Sant`Angelo dei Lombardi, Bisaccia und Conza della Campania weisen nach ihrem Wiederaufbau einen erheblich verbesserten Lebensstandart sowie eine, vorher fehlende, erdbebensichere Bausubstanz auf. Die Wiederaufbaustratege in Sant` Angelo konnte, dem „Prinzip der Konservierung" folgend, das historische Erbe und den Wiederaufbau der zerstörten historischen Häuser in der traditionellen Bauweise, bewahren. Die Gemeinde Bisaccia spaltete sich in Nuova und Alta Bisaccia auf, wobei die Bewohner die alten Häuser den besser ausgestatteten neuen Bauten vorziehen und in ihren alten Wohnungen bleiben. Als Folge dieser partiellen Modernisierung und der Errichtung einer neuen Siedlung stehen 1/3 der Wohneinheiten leer. Auch in Conza della Campania kam es trotz der Planung zu einem zu großen Bauvolumen. Hier konnten auch noch nicht alle Projekte realisiert werden.

Das Erdbeben vom 23.11.1980 veränderte das Gesicht aller drei betroffenen Gemeinden und offenbarte die organisatorischen Schwächen der Krisenbewältigung und des Geldmanagements. Eine effizientere Kontrolle über die Verteilung der Bauaufträge, sowie eine bessere Schätzung des benötigten Baubestandes wären möglicherweise wichtiger gewesen, als die riesigen Geldsummen für den Wiederaufbau.

Quellen:

Literatur:

Beim Graben, H. (1997): Diplomarbeit zum Thema: Wiederaufbaustrategien in den irpinischen Provinzen. Hamburg

Bethemont, J./Pelletier, J. (1983): Italy. A geographical introduction. Singapore

Drüke, H. (1986): Italien. Wirtschaft/Gesellschaft/Politik . Augsburg

Geipel, R. (1983): Katastrophe nach einer Katastrophe? Ein Vergleich der Erdbebengebiete Friaul und Süditalien. In: Geographische Rundschau 35. H.1 S. 17-26

King, R. (1987): Italy. London

Rother, K. /Tichy, F. (2000): Italien. Geographie/Geschichte/Wirtschaft/Politik. Darmstadt

Tichy, F. (1985): Italien. Darmstadt

Internet (letzter Aufruf aller Homepages 24.04.2006 15:34):

http://www.midaweb.info/

http://www.ssn.ethz.ch/forschung/projekte/Documents/Erdbeben_Szenario.pdf

http://www.eeri.org/lfe/pdf/italy_campania_basilicata_stratta_et_al.pdf

http://www.ingv.it/~roma/SITOINGLESE/activities/seismology/seismicsource/examples/irpinia/figura3.html

http://www.geo.arizona.edu/geo5xx/geos577/projects/smith/current.htm